essentials

essentials liefern aktuelles Wissen in konzentrierter Form. Die Essenz dessen, worauf es als „State-of-the-Art" in der gegenwärtigen Fachdiskussion oder in der Praxis ankommt. *essentials* informieren schnell, unkompliziert und verständlich

- als Einführung in ein aktuelles Thema aus Ihrem Fachgebiet
- als Einstieg in ein für Sie noch unbekanntes Themenfeld
- als Einblick, um zum Thema mitreden zu können

Die Bücher in elektronischer und gedruckter Form bringen das Expertenwissen von Springer-Fachautoren kompakt zur Darstellung. Sie sind besonders für die Nutzung als eBook auf Tablet-PCs, eBook-Readern und Smartphones geeignet. *essentials:* Wissensbausteine aus den Wirtschafts-, Sozial- und Geisteswissenschaften, aus Technik und Naturwissenschaften sowie aus Medizin, Psychologie und Gesundheitsberufen. Von renommierten Autoren aller Springer-Verlagsmarken.

Weitere Bände in der Reihe http://www.springer.com/series/13088

Stefan Schäffler

Verallgemeinerte Funktionen

Grundlagen und Anwendungsbeispiele

Springer Spektrum

Stefan Schäffler
Lehrstuhl für Mathematik und
Operations Research
Universität der Bundeswehr München
Neubiberg, Deutschland

ISSN 2197-6708 ISSN 2197-6716 (electronic)
essentials
ISBN 978-3-658-23856-8 ISBN 978-3-658-23857-5 (eBook)
https://doi.org/10.1007/978-3-658-23857-5

Die Deutsche Nationalbibliothek verzeichnet diese Publikation in der Deutschen National-
bibliografie; detaillierte bibliografische Daten sind im Internet über http://dnb.d-nb.de abrufbar.

Springer Spektrum ist ein Imprint der eingetragenen Gesellschaft Springer Fachmedien Wiesbaden
GmbH und ist ein Teil von Springer Nature
Die Anschrift der Gesellschaft ist: Abraham-Lincoln-Str. 46, 65189 Wiesbaden, Germany

Was Sie in diesem *essential* finden können

- Was sind verallgemeinerte Funktionen?
- Welche wichtigen Eigenschaften haben sie?
- Warum ist es wichtig, den Funktionsbegriff zu verallgemeinern?
- Wo werden verallgemeinerte Funktionen angewendet?

für meinen Lehrer
Prof. Dr. Klaus Ritter (1936–2017)
in dankbarer Erinnerung

Einleitung

There is nothing so practical as a good theory.
KURT LEWIN

Verallgemeinerte Funktionen spielen in den Natur- und Ingenieurwissenschaften eine wichtige Rolle. Bei der Modellierung physikalischer Sachverhalte durch Differentialgleichungen ist es zum Beispiel häufig notwendig, den Ableitungsbegriff der klassischen Analysis zu verallgemeinern, um eine größere Klasse von Phänomenen modellieren zu können. Vor allem in Kombination mit der Stochastik sind verallgemeinerte Funktionen im Rahmen der Modellierung technischer Rauschprozesse enorm wichtig. Daher sollen in dieser knappen Einführung neben den theoretischen Grundlagen auch Anwendungen zur Sprache kommen.

Nach zwei typischen Anwendungen verallgemeinerter Funktionen (Kap. 1) wird im zweiten Kapitel die Theorie entwickelt. Dabei werden nur die fundamentalen Ideen vorgestellt; tiefere theoretische Betrachtungen (zum Beispiel die temperierten Distributionen und in Verbindung damit die Fourier-Transformation sowie Sobolev-Räume) sind im Rahmen dieses Textes nicht möglich; dies hat auf der anderen Seite den Vorteil, dass die erforderlichen mathematischen Grundkenntnisse so gering wie möglich gehalten werden konnten (zum Beispiel im Rahmen der Integrationstheorie nur das Riemann-Integral und keine funktionalanalytischen Kenntnisse). Für ein tieferes Studium der Theorie sei auf [DuiKol10], [GelSch6064], [Wal94] und [Zem87] verwiesen. Im dritten Kapitel werden drei Anwendungen betrachtet; dabei werden zunächst LTI-Systeme systemtheoretisch untersucht. Hier wird sich die überragende Bedeutung der Dirac-Distribution zeigen (siehe dazu auch [OhmLue14]). Der zweite Teil des Kapitels behandelt die Verwendung schwacher Lösungen partieller Differentialgleichungen am Beispiel einer ungedämpften gezupften schwingenden Saite. Der dritte und letzte Teil des dritten Kapitels ist der Modellierung technischer

Rauschprozesse am Beispiel des kontinuierlichen weißen Rauschens gewidmet (siehe dazu [Schae17]).

Der vorliegende Text basiert auf dem ersten Kapitel von [Schae17]. Herrn Dr. Rainer von Chossy bin ich für die kritische Durchsicht des Manuskripts zu großem Dank verpflichtet.

Inhaltsverzeichnis

Symbole

$\\| \bullet \\|_2$	Euklidische Norm
$\mathrm{cl}(M)$	Abschluss von M
$\mathrm{int}(M)$	Innere von M
$\partial(M)$	Rand von M
$C^\infty(\mathbb{R}^n, \mathbb{R})$	Menge der beliebig oft stetig differenzierbaren Funktionen $f : \mathbb{R}^n \to \mathbb{R}$
$\mathrm{supp}(f)$	Träger von f
$\mathfrak{D}(\mathbb{R}^n, \mathbb{R})$	Vektorraum der Grundfunktionen $\varphi : \mathbb{R}^n \to \mathbb{R}$
$\mathfrak{D}'(\mathbb{R}^n, \mathbb{R})$	Dualraum von $\mathfrak{D}(\mathbb{R}^n, \mathbb{R})$
$\mathrm{CH}\left(\int_A f(x)\,dx\right)$	Cauchyscher Hauptwert
u_x	partielle Ableitung von u nach x
AWGN	**A**dditive **W**hite **G**aussian **N**oise
LTI-System	**L**inear **T**ime **I**nvariant System

Motivation 1

1.1 Signalübertragung

Im Folgenden soll ein Bit $b \in \{\pm 1\}$ durch ein sinusförmiges Signal

$$s : [0, 4\pi] \to \mathbb{R}, \quad t \mapsto b \cdot \sin(t)$$

an einen Empfänger übertragen werden. Im Empfänger kommt im Allgemeinen ein gestörtes Signal $\tilde{s}$ an. Um nun zu entscheiden, welches Bit gesendet wurde, berechnet man:

$$e(t) := \int_0^t \tilde{s}(\tau) \sin(\tau) d\tau, \quad t \in [0, 4\pi].$$

Wäre nun $\tilde{s} = s$ (ungestörte Übertragung), so wäre

$$e(t) = \underbrace{\int_0^t b \cdot \sin^2(\tau) d\tau}_{=:\, c(t)}, \quad t \in [0, 4\pi] \quad \text{und} \quad c(4\pi) = 2\pi b \qquad \text{(Abb. 1.1)}.$$

Bedingt durch Störungen bei der Übertragung erhält man in der Praxis Funktionen e wie in Abb. 1.2 dargestellt. Ist $e(4\pi) > 0$, so entscheidet man sich dafür, dass $b = 1$ gesendet wurde; bei $e(4\pi) < 0$ entscheidet man sich entsprechend für $b = -1$ (bei $e(4\pi) = 0$ ist keine Information über b vorhanden).

© Springer Fachmedien Wiesbaden GmbH, ein Teil von Springer Nature 2018

S. Schäffler, *Verallgemeinerte Funktionen*, essentials,

https://doi.org/10.1007/978-3-658-23857-5_1

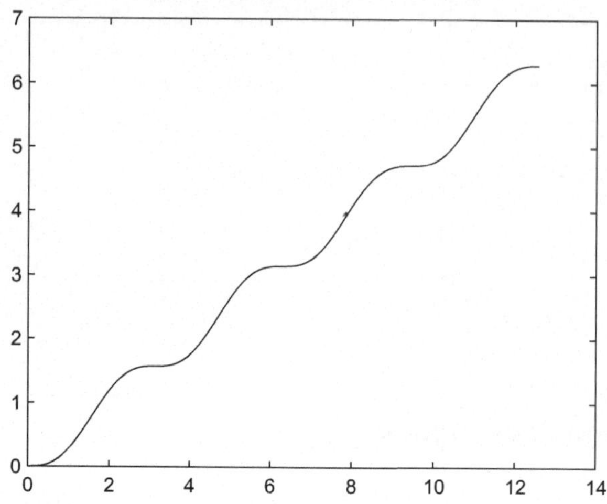

Abb. 1.1 $c(t) = \int\limits_0^t b \cdot \sin^2(\tau)\,d\tau, \quad 0 \le t \le 4\pi, \quad b = 1$

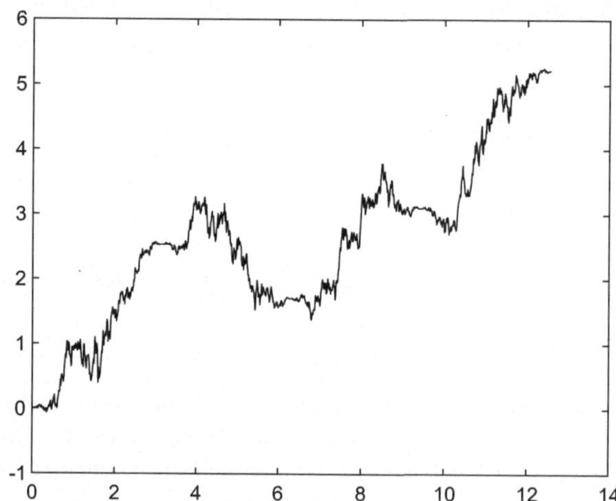

Abb. 1.2 Die Funktion e, $\quad 0 \le t \le 4\pi, \quad b = 1$

Nimmt man nun an, dass das Signal s additiv durch ein Rauschen r überlagert wurde und nimmt man ferner an, dass der Übertragungskanal (wie zum Beispiel bei der Raumsondenkommunikation) kein Gedächtnis aufweist, so können die statistischen Eigenschaften des Rauschens r nicht mehr durch Funktionen im klassischen Sinne beschrieben werden; man benötigt daher einen verallgemeinerten Funktionsbegriff. Dieser Sachverhalt ist für die mathematische Kommunikationstheorie typisch (siehe Kapitel drei).

1.2 Schwingende Saite

Wir betrachten das Verhalten einer ungedämpften schwingenden Saite der Länge L, das durch eine Funktion

$$u : [0, L] \times [0, \infty) \to \mathbb{R}, \quad (x, t) \mapsto u(x, t)$$

beschrieben wird. Der Funktionswert $u(x, t)$ bezeichnet die Auslenkung der Saite an der Stelle x zum Zeitpunkt t.

Auf den Mathematiker BROOK TAYLOR (1685–1731) geht die Modellannahme zurück, dass die Beschleunigung der Saite an einer Stelle x proportional zur Krümmung der Saite an dieser Stelle ist. Somit ergibt sich die Wellengleichung

$$u_{tt} = c \cdot u_{xx}$$

mit der Proportionalitätskonstanten $c > 0$. Wir nehmen an, dass sich die Saite zum Zeitpunkt $t = 0$ in einer vorgegebenen ruhenden Konstellation befindet, also

$$u(x, 0) = f(x) \quad \text{sowie} \quad u_t(x, 0) = 0 \quad \text{für} \quad \text{alle} \quad x \in [0, L]$$

und dass die Saite am Anfangspunkt und am Endpunkt fest verankert ist, also

$$u(0, t) = f(0) = 0 \quad \text{und} \quad u(L, t) = f(L) = 0 \quad \text{für} \quad \text{alle} \quad t \in [0, \infty).$$

Betrachtet man dann eine gezupfte Saite, so ist f im Allgemeinen nur stetig (an der Stelle, wo die Saite gezupft wird, hat f einen „Knick"); auch die Funktion u ist dann bezüglich der Ortsvariablen zu jedem Zeitpunkt nur stetig, aber nicht differenzierbar. Um nun dennoch die Wellengleichung und die entsprechenden Rand- und Anfangsbedingungen verwenden zu können, ist ein neuer Ableitungsbegriff zu definieren. Dies wird im Rahmen der verallgemeinerten Funktionen geleistet. Wir werden im dritten Kapitel darauf zurückkommen.

Theorie 2

2.1 Grundlagen

Für jede Zahl $n \in \mathbb{N}$ betrachten wir den Vektorraum $\mathbb{R}^n$ über $\mathbb{R}$ und die Euklidische Norm

$$\| \bullet \|_2 : \mathbb{R}^n \to \mathbb{R}, \quad \mathbf{x} \mapsto \sqrt{\mathbf{x}^\top \mathbf{x}} := \sqrt{\sum_{i=1}^{n} x_i^2}.$$

Eine Menge $A \subseteq \mathbb{R}^n$ heißt **offen**, falls es zu jedem $\mathbf{x_0} \in A$ eine reelle Zahl $\varepsilon > 0$ gibt mit

$$K_{\mathbf{x_0},\varepsilon} := \{\mathbf{x} \in \mathbb{R}^n;\ \|\mathbf{x} - \mathbf{x_0}\|_2 < \varepsilon\} \subseteq A.$$

Eine Menge $U_{\mathbf{x_0}} \subseteq \mathbb{R}^n$ heißt **offene Umgebung** von $\mathbf{x_0} \in \mathbb{R}^n$, falls $\mathbf{x_0} \in U_{\mathbf{x_0}}$ und $U_{\mathbf{x_0}}$ eine offene Menge darstellt.

Eine Menge $A \subseteq \mathbb{R}^n$ heißt **abgeschlossen,** falls das Komplement

$$A^c := \{\mathbf{x} \in \mathbb{R}^n;\ \mathbf{x} \notin A\}$$

offen ist. Seien nun I eine beliebige nichtleere Indexmenge und A_i, $i \in I$, abgeschlossene Teilmengen des $\mathbb{R}^n$, dann ist auch der Schnitt

$$A := \bigcap_{i \in I} A_i$$

eine abgeschlossene Teilmenge des $\mathbb{R}^n$.

© Springer Fachmedien Wiesbaden GmbH, ein Teil von Springer Nature 2018
S. Schäffler, *Verallgemeinerte Funktionen*, essentials,
https://doi.org/10.1007/978-3-658-23857-5_2

Eine Menge $A \subseteq \mathbb{R}^n$ heißt **beschränkt,** falls es ein $\varepsilon > 0$ gibt mit

$$A \subseteq K_{\mathbf{0},\varepsilon}.$$

Abgeschlossene und beschränkte Teilmengen des $\mathbb{R}^n$ werden als **kompakt** bezeichnet.

Ist $M \subseteq \mathbb{R}^n$, dann ist der **Abschluss** vom M definiert als

$$\mathrm{cl}(M) := \bigcap_{A \in \mathfrak{A}} A,$$

wobei

$$\mathfrak{A} := \{B \subseteq \mathbb{R}^n;\ B \text{ ist abgeschlossen und } M \subseteq B\}.$$

Die Menge $\mathrm{cl}(M)$ ist also die kleinste abgeschlossene Teilmenge des $\mathbb{R}^n$, die M enthält. Seien I eine beliebige nichtleere Indexmenge und B_i, $i \in I$, offene Teilmengen des $\mathbb{R}^n$, dann ist auch die Vereinigung

$$B := \bigcup_{i \in I} B_i$$

eine offene Teilmenge des $\mathbb{R}^n$. Ist $M \subseteq \mathbb{R}^n$, so ist das **Innere** von M definiert als

$$\mathrm{int}(M) := \bigcup_{C \in \mathfrak{C}} C,$$

wobei

$$\mathfrak{C} := \{B \subseteq \mathbb{R}^n;\ B \text{ ist offen und } B \subseteq M\}.$$

Die Menge $\mathrm{int}(M)$ ist somit die größte offene Teilmenge von M.

Für eine Menge $M \subseteq \mathbb{R}^n$ wird

$$\partial(M) := \mathrm{cl}(M) \setminus \mathrm{int}(M) := \{\mathbf{x} \in \mathrm{cl}(M);\ \mathbf{x} \notin \mathrm{int}(M)\}$$

als **Rand** von M bezeichnet.

Für eine Funktion

$$f : \mathbb{R}^n \to \mathbb{R}$$

ist der **Träger** $\mathrm{supp}(f)$ von f definiert durch

$$\mathrm{supp}(f) := \mathrm{cl}(\{\mathbf{x} \in \mathbb{R}^n;\ f(\mathbf{x}) \neq 0\}).$$

Durch diese Festlegung wird $\mathrm{supp}(f)^c$ eine offene Menge; es gibt also zu jedem $\mathbf{x_0} \in \mathrm{supp}(f)^c$ ein $\varepsilon > 0$ mit:

$$K_{\mathbf{x_0},\varepsilon} \subseteq \mathrm{supp}(f)^c \quad \text{und daher} \quad f(\mathbf{x}) = 0 \quad \text{für} \quad \text{alle } \mathbf{x} \in K_{\mathbf{x_0},\varepsilon}.$$

Obwohl zum Beispiel die trigonometrischen Funktionen $\mathtt{sin}$ und $\mathtt{cos}$ jeweils unendlich viele Nullstellen haben, gilt dennoch

$$\mathrm{supp}(\mathtt{sin})^c = \mathrm{supp}(\mathtt{cos})^c = \emptyset.$$

Im Folgenden betrachten wir die Menge der beliebig oft stetig differenzierbaren Funktionen

$$f : \mathbb{R}^n \to \mathbb{R},$$

die wir mit $C^\infty(\mathbb{R}^n, \mathbb{R})$ bezeichnen. Mit Hilfe des Trägers einer Funktion definieren wir nun eine wichtige Teilmenge von $C^\infty(\mathbb{R}^n, \mathbb{R})$.

Definition 2.1 (Grundfunktion)
*Eine Funktion $\varphi \in C^\infty(\mathbb{R}^n, \mathbb{R})$ heißt **Grundfunktion**, falls $\mathrm{supp}(\varphi)$ beschränkt (und somit kompakt) ist. Die Menge aller Grundfunktionen wird mit $\mathfrak{D}(\mathbb{R}^n, \mathbb{R})$ bezeichnet.* ◁

Offensichtlich gilt für alle partiellen Ableitungen

$$\frac{\partial^m \varphi}{\partial x_{i_1} \ldots \partial x_{i_m}} : \mathbb{R}^n \to \mathbb{R}$$

m-ter Ordnung einer Grundfunktion φ:

$$\mathrm{supp}\left(\frac{\partial^m \varphi}{\partial x_{i_1} \ldots \partial x_{i_m}}\right) \subseteq \mathrm{supp}(\varphi) \quad \text{für} \quad \text{alle } m \in \mathbb{N},\ i_1, \ldots, i_m \in \{1, 2, \ldots, n\},$$

da $\mathrm{supp}(\varphi)^c$ offen ist und auf dieser Menge somit alle partiellen Ableitungen gleich Null werden.

Wählt man

$$h : \mathbb{R} \to \mathbb{R}, \quad x \mapsto \begin{cases} 0 & \text{für alle } x \leq 0 \\ \exp\left(-\frac{1}{x}\right) & \text{für alle } x > 0 \end{cases},$$

so ist $h \in C^\infty(\mathbb{R}, \mathbb{R})$ (siehe Abb. 2.1).

Mit

$$k : \mathbb{R}^n \to \mathbb{R}, \quad \mathbf{x} \mapsto 1 - \|\mathbf{x}\|_2^2, \quad n \in \mathbb{N},$$

ist

$$\psi := h \circ k : \mathbb{R}^n \to \mathbb{R}, \quad \mathbf{x} \mapsto \begin{cases} 0 & \text{für alle } 1 \leq \|\mathbf{x}\|_2^2 \\ \exp\left(-\frac{1}{1-\|\mathbf{x}\|_2^2}\right) & \text{für alle } 1 > \|\mathbf{x}\|_2^2 \end{cases}$$

in $C^\infty(\mathbb{R}^n, \mathbb{R})$ (Kettenregel) und wegen

$$\operatorname{supp}(\psi) = \left\{ \mathbf{x} \in \mathbb{R}^n; \ \|\mathbf{x}\|_2^2 \leq 1 \right\} \quad (= \operatorname{cl}(K_{\mathbf{0},1}))$$

ist ψ eine Grundfunktion (siehe Abb. 2.2).

Für jedes $\lambda \in \mathbb{R}$ und $\varphi \in \mathfrak{D}(\mathbb{R}^n, \mathbb{R})$ ist

$$\lambda\varphi : \mathbb{R}^n \to \mathbb{R}, \quad \mathbf{x} \mapsto \lambda \cdot \varphi(\mathbf{x})$$

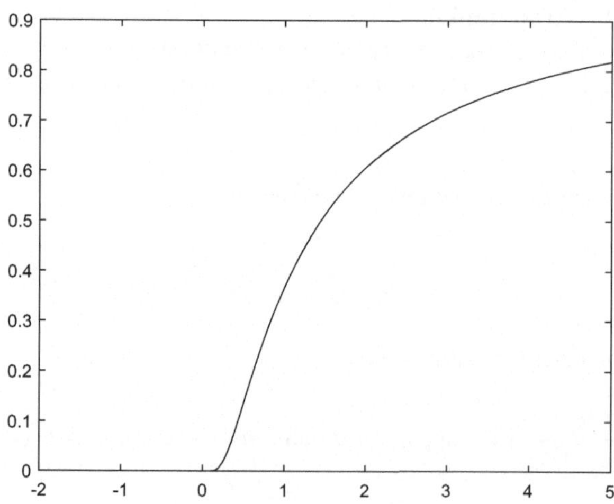

Abb. 2.1 Die Funktion h

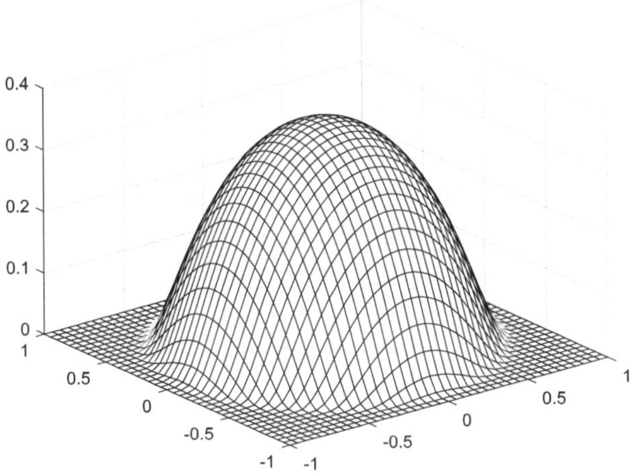

Abb. 2.2 Die Funktion ψ für $n = 2$

wegen

$$\operatorname{supp}(\lambda\varphi) = \begin{cases} \operatorname{supp}(\varphi) & \text{für } \lambda \neq 0 \\ \varnothing & \text{für } \lambda = 0 \end{cases}$$

ebenfalls eine Grundfunktion und für $\varphi_1, \varphi_2 \in \mathfrak{D}(\mathbb{R}^n, \mathbb{R})$ ist

$$\varphi_1 + \varphi_2 : \mathbb{R}^n \to \mathbb{R}, \quad \mathbf{x} \mapsto \varphi_1(\mathbf{x}) + \varphi_2(\mathbf{x})$$

wegen

$$\operatorname{supp}(\varphi_1 + \varphi_2) \subseteq \operatorname{supp}(\varphi_1) \cup \operatorname{supp}(\varphi_2)$$

ebenfalls eine Grundfunktion, denn die endliche Vereinigung abgeschlossener Mengen ist abgeschlossen. Somit bildet $\mathfrak{D}(\mathbb{R}^n, \mathbb{R})$ einen Vektorraum über $\mathbb{R}$.

Für das Riemann-Integral über die Funktion

$$\psi : \mathbb{R}^n \to \mathbb{R}, \quad \mathbf{x} \mapsto \begin{cases} 0 & \text{für alle } 1 \leq \|\mathbf{x}\|_2^2 \\ \exp\left(-\dfrac{1}{1-\|\mathbf{x}\|_2^2}\right) & \text{für alle } 1 > \|\mathbf{x}\|_2^2 \end{cases}$$

gilt

$$0 < I_\psi := \int\limits_{\mathbb{R}^n} \psi(\mathbf{x})\, d\mathbf{x} < \infty$$

und damit für $\psi_1 := \frac{\psi}{I_\psi}$:

$$\int_{\mathbb{R}^n} \psi_1(\mathbf{x})\,d\mathbf{x} = 1.$$

Nun wählen wir eine reelle Zahl $R > 0$ und untersuchen die Funktion

$$\psi_R : \mathbb{R}^n \to \mathbb{R}, \quad \mathbf{x} \mapsto \frac{\psi_1\left(\frac{\mathbf{x}}{R}\right)}{R^n}.$$

Die Substitution $\mathbf{y} = \frac{\mathbf{x}}{R}$ liefert:

$$\int_{\mathbb{R}^n} \psi_R(\mathbf{x})\,d\mathbf{x} = 1.$$

Ferner erhalten wir

$$\mathrm{supp}(\psi_R) = \left\{\mathbf{x} \in \mathbb{R}^n;\ \|\mathbf{x}\|_2 \le R\right\} = \mathrm{cl}(K_{\mathbf{0},R}).$$

Durch die Funktionen ψ_R können wir weitere Grundfunktionen gewinnen. Sei

$$f : \mathbb{R}^n \to \mathbb{R}$$

stetig mit kompaktem Träger, so ist durch

$$\varphi_R : \mathbb{R}^n \to \mathbb{R}, \quad \mathbf{x} \mapsto \int_{\mathbb{R}^n} f(\boldsymbol{\xi})\psi_R(\boldsymbol{\xi} - \mathbf{x})\,d\boldsymbol{\xi}$$

für jedes $R > 0$ eine neue Grundfunktion gegeben, denn da

$$\int_{\mathbb{R}^n} f(\boldsymbol{\xi})\psi_R(\boldsymbol{\xi} - \mathbf{x})\,d\boldsymbol{\xi} = \int_{\mathrm{cl}(K_{\mathbf{x},R})} f(\boldsymbol{\xi})\psi_R(\boldsymbol{\xi} - \mathbf{x})\,d\boldsymbol{\xi},$$

ist $\varphi_R \in C^\infty(\mathbb{R}^n, \mathbb{R})$ (Differentiation und Integration können vertauscht werden). Wegen

$$\varphi_R(\mathbf{x}) = 0 \quad \text{für} \quad \text{alle} \quad \mathbf{x} \in \{\mathbf{y} \in \mathbb{R}^n;\ \mathrm{cl}(K_{\mathbf{y},R}) \cap \mathrm{supp}(f) = \emptyset\}$$

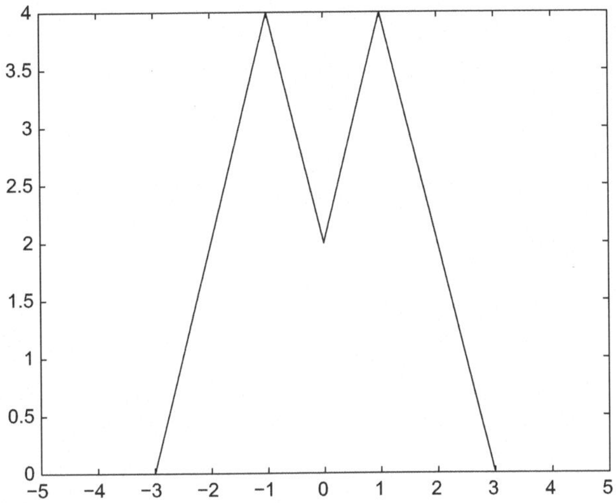

Abb. 2.3 Die Funktion μ

ist der Träger von φ_R beschränkt. Wählt man für $n = 1$ zum Beispiel die stetige Funktion

$$\mu : \mathbb{R} \to \mathbb{R}, \quad x \mapsto \begin{cases} 4 - \big|\, 2|x| - 2 \,\big| & \text{für } -3 \le x \le 3 \\ 0 & \text{sonst} \end{cases} \quad \text{(Abb. 2.3)},$$

so erhält man für $R = 1{,}5$ und $R = 0{,}5$ die Funktionen $\varphi_{1,5}$ und $\varphi_{0,5}$ wie in den Abb. 2.4 und 2.5 dargestellt.

Die Funktion f läßt sich durch eine Grundfunktion beliebig genau approximieren, wie der folgende Satz zeigt.

Theorem 2.2 (Approximationssatz)
Sei $f : \mathbb{R}^n \to \mathbb{R}$ eine stetige Funktion mit beschränktem (und damit kompaktem) Träger, dann gibt es zu jedem $\varepsilon > 0$ eine Grundfunktion φ mit

$$|f(\mathbf{x}) - \varphi(\mathbf{x})| < \varepsilon \quad \text{für} \quad \text{alle} \quad \mathbf{x} \in \mathbb{R}^n.$$

Ferner gilt mit

$$\varphi_R : \mathbb{R}^n \to \mathbb{R}, \quad \mathbf{x} \mapsto \int_{\mathbb{R}^n} f(\boldsymbol{\xi}) \psi_R(\boldsymbol{\xi} - \mathbf{x})\, d\boldsymbol{\xi} :$$

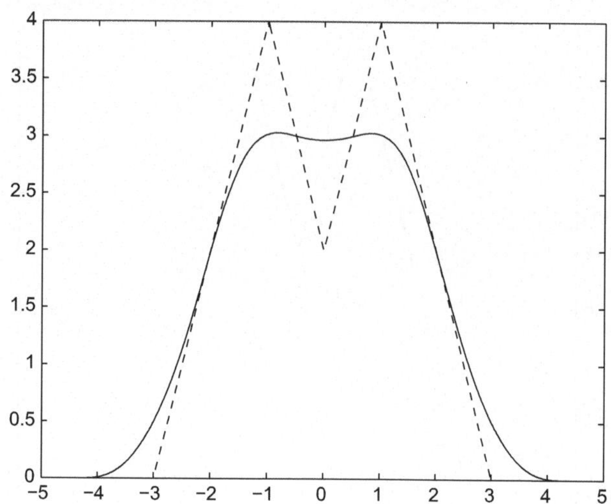

Abb. 2.4 Die Funktion $\varphi_{1,5}$

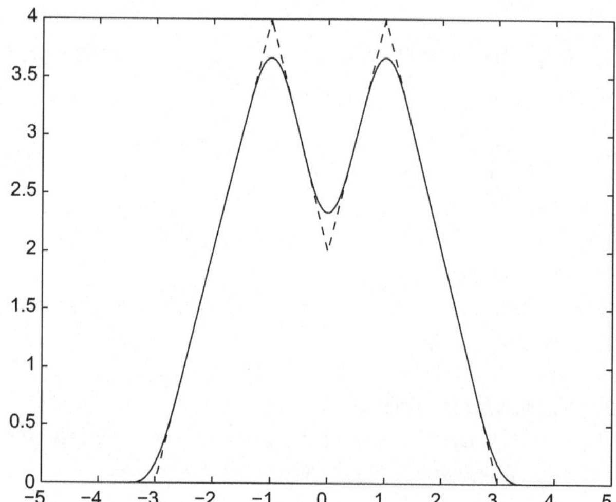

Abb. 2.5 Die Funktion $\varphi_{0,5}$

$$\lim_{R \to 0,\ R > 0} \varphi_R = f$$

gleichmäßig im $\mathbb{R}^n$.								◁

Zum Beweis sei auf [Wal94] verwiesen.

Im nächsten Abschnitt werden wir Grundfunktionen verwenden, um eine größere Klasse von Funktionen darzustellen.

2.2 Darstellung von Funktionen durch Funktionale

Sei $f : \mathbb{R}^n \to \mathbb{R}$ eine beliebige Funktion, so heißt f **lokal integrierbar**, falls f und $|f|$ für jedes $\mathbf{x} \in \mathbb{R}^n$ und $\varepsilon > 0$ auf der Kugel $\mathrm{cl}(K_{\mathbf{x},\varepsilon})$ integrierbar sind. Wir können also jeder lokal integrierbaren Funktion f eine Abbildung

$$F_f : \mathfrak{D}(\mathbb{R}^n, \mathbb{R}) \to \mathbb{R}, \quad \varphi \mapsto \int_{\mathbb{R}^n} f(\mathbf{x})\varphi(\mathbf{x})\,d\mathbf{x}$$

zuordnen; für eine positive Grundfunktion φ mit

$$\int_{\mathbb{R}^n} \varphi(\mathbf{x})\,d\mathbf{x} = 1$$

gilt für eine stetige Funktion f:

$$F_f(\varphi) = f(\mathbf{x}') \quad \text{für} \quad \text{ein } \mathbf{x}' \in \mathrm{supp}(\varphi).$$

Die Funktion F_f wird als **Funktional** bezeichnet. Ist allgemein ein Vektorraum $\mathbb{V}$ über einem Körper $\mathbb{K}$ gegeben, so wird jede Abbildung

$$G : \mathbb{V} \to \mathbb{K}$$

als Funktional bezeichnet. Gilt zudem

$$G(\lambda \cdot \mathbf{x}) = \lambda \cdot G(\mathbf{x}) \quad \text{für} \quad \text{alle } \lambda \in \mathbb{K},\ \mathbf{x} \in \mathbb{V}$$

$$G(\mathbf{x} + \mathbf{y}) = G(\mathbf{x}) + G(\mathbf{y}) \quad \text{für} \quad \text{alle } \mathbf{x}, \mathbf{y} \in \mathbb{V},$$

so heißt G **lineares Funktional**. In diesem Sinne ist F_f für jedes lokal integrierbare f ein lineares Funktional.

Nachdem wir jeder lokal integrierbaren Funktion f das Funktional F_f zuordnen können, stellt sich nun die Frage, ob wir nur mit Kenntnis des Funktionals F_f die Funktionswerte von f eindeutig rekapitulieren können. Dazu betrachten wir basierend auf den bereits eingeführten Grundfunktionen ψ_R für jedes $\mathbf{x} \in \mathbb{R}^n$ die Grundfunktionen

$$\psi_{\mathbf{x},R} : \mathbb{R}^n \to \mathbb{R}, \quad \boldsymbol{\xi} \mapsto \psi_R(\boldsymbol{\xi} - \mathbf{x}).$$

Da für eine stetige Funktion f gilt:

$$F_f(\psi_{\mathbf{x},R}) = f(\mathbf{x}') \quad \text{für} \quad \text{ein } \mathbf{x}' \in \mathrm{cl}(K_{\mathbf{x},R}),$$

folgt:

$$\lim_{R \to 0,\, R > 0} F_f(\psi_{\mathbf{x},R}) = f(\mathbf{x}) \quad \text{für} \quad \text{alle} \quad \mathbf{x} \in \mathbb{R}^n.$$

Wir haben also für die stetige (und damit lokal integrierbare) Funktion f eine auf den ersten Blick ungewöhnliche Darstellung durch das lineare Funktional F_f gefunden.

Sei nun f stetig und stetig nach x_i partiell differenzierbar, so ist auch f_{x_i} lokal integrierbar und wir erhalten mit $\varphi \in \mathfrak{D}(\mathbb{R}^n, \mathbb{R})$:

$$\int_{\mathbb{R}^n} f_{x_i}(\mathbf{x})\varphi(\mathbf{x})\, d\mathbf{x} = \int_{\mathbb{R}^{n-1}} \left[f(\mathbf{x})\varphi(\mathbf{x}) \right]_{x_i = -\infty}^{x_i = \infty} d(x_1, \ldots, x_{i-1}, x_{i+1}, \ldots, x_n)$$

$$- \int_{\mathbb{R}^n} f(\mathbf{x})\varphi_{x_i}(\mathbf{x})\, d\mathbf{x} = - \int_{\mathbb{R}^n} f(\mathbf{x})\varphi_{x_i}(\mathbf{x})\, d\mathbf{x}$$

Somit gilt:

$$F_{f_{x_i}}(\varphi) = -F_f(\varphi_{x_i}) \quad \text{für} \quad \text{alle } \varphi \in \mathfrak{D}(\mathbb{R}^n, \mathbb{R}).$$

Das Interessante an dieser Gleichung ist die Tatsache, dass die linke Seite nur für eine Funktion mit lokal integrierbarer partieller Ableitung f_{x_i} definiert ist, während die rechte Seite für eine lokal integrierbare Funktion f definiert ist. Wir können also durch die rechte Seite dieser Gleichung eine „partielle Ableitung nach x_i" betrachten, die im klassischen Differentialkalkül nicht notwendig existiert. Kehren wir zurück zum Beispiel

$$\mu : \mathbb{R} \to \mathbb{R}, \quad x \mapsto \begin{cases} 4 - \big| 2|x| - 2 \big| & \text{für } -3 \le x \le 3 \\ 0 & \text{sonst} \end{cases} \qquad \text{(Abb. 2.3)}$$

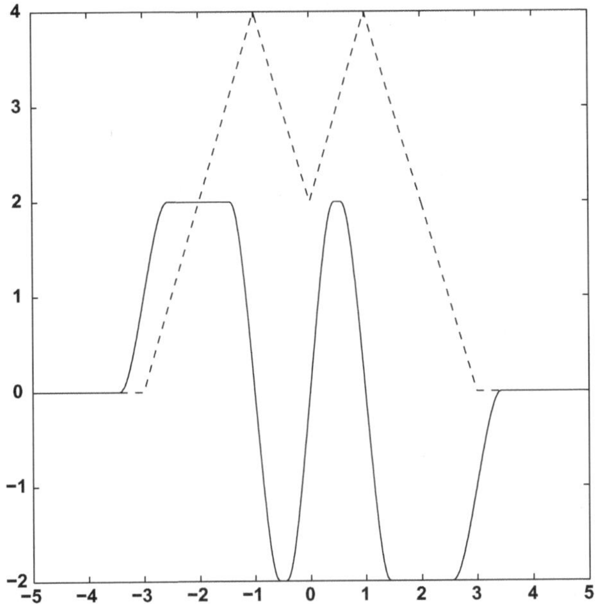

Abb. 2.6 Die Funktion $\tilde{\mu}$ für $R = 0{,}5$

und verwenden wir erneut die Grundfunktionen ψ_R, so ergibt sich als Approximation der (im klassischen Sinne nicht existenten) „Ableitung" von μ die Funktion $\tilde{\mu}$ mit

$$\tilde{\mu} : \mathbb{R} \to \mathbb{R}, \quad x \mapsto - \int\limits_{-\infty}^{\infty} \mu(\xi)\psi_R'(\xi - x)\,d\xi.$$

Für $R = 0{,}5$ erhält man die Funktion $\tilde{\mu}$ wie in Abb. 2.6 dargestellt.

Die Funktion $\tilde{\mu}$ existiert auch als Grenzwert für $R \to 0$ (siehe Abb. 2.7). Dabei zeigen die Sterne die Funktionswerte an den Unstetigkeiten an. Zum Abschluss dieses Abschnitts untersuchen wir noch eine wichtige Eigenschaft der linearen Funktionale F_f. Zu diesem Zweck führen wir einen Konvergenzbegriff für Grundfunktionen ein und definieren die Stetigkeit von Funktionalen.

Definition 2.3 (Konvergenz von Grundfunktionen, stetige Funktionale)
*Ist $\{\varphi_i\}_{i\in\mathbb{N}}$ eine Folge von Grundfunktionen, so heißt $\{\varphi_i\}_{i\in\mathbb{N}}$ **konvergent** gegen eine Grundfunktion φ, falls es eine beschränkte Menge $M \subset \mathbb{R}^n$ gibt mit*

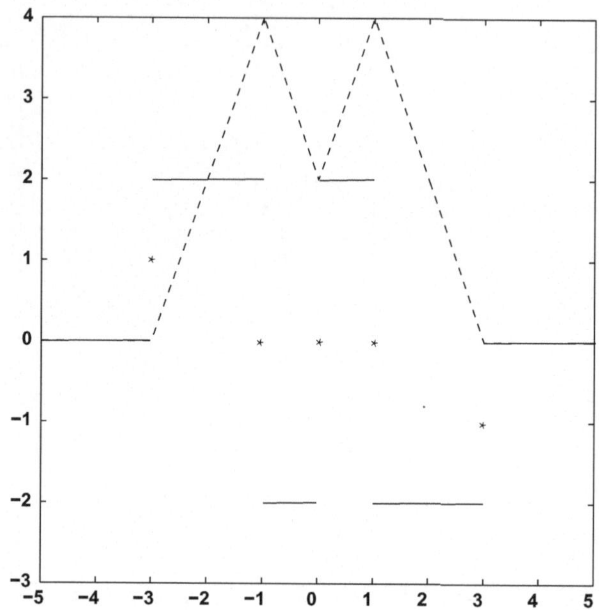

Abb. 2.7 Die Funktion $\tilde{\mu}$ für $R \to 0$

$$\mathrm{supp}(\varphi_i) \subseteq M \quad \textit{für} \quad \textit{alle } i \in \mathbb{N}$$

und falls die Folge $\{\varphi_i - \varphi\}_{i \in \mathbb{N}}$ und alle Folgen partieller Ableitungen beliebiger Ordnung von $(\varphi_i - \varphi)$, $i \in \mathbb{N}$, gleichmäßig im $\mathbb{R}^n$ gegen Null konvergieren. Ein Funktional

$$F : \mathfrak{D}(\mathbb{R}^n, \mathbb{R}) \to \mathbb{R}$$

heißt **stetig**, *falls für jede konvergente Folge $\{\varphi_i\}_{i \in \mathbb{N}}$ von Grundfunktionen (mit Grenzwert φ) gilt:*

$$\lim_{i \to \infty} F(\varphi_i) = F(\varphi).$$

$\triangleleft$

Ist

$$F : \mathfrak{D}(\mathbb{R}^n, \mathbb{R}) \to \mathbb{R}$$

linear, so ist F offensichtlich stetig, falls

$$\lim_{i \to \infty} F(\varphi_i) = 0$$

für alle Folgen von Grundfunktionen $\{\varphi_i\}_{i\in\mathbb{N}}$ die gegen

$$\mathbf{0}_{\mathfrak{D}(\mathbb{R}^n,\mathbb{R})} : \mathbb{R}^n \to \mathbb{R}, \quad \mathbf{x} \mapsto 0$$

konvergieren. Sei nun $\{\varphi_i\}_{i\in\mathbb{N}}$ eine derartige Folge, so gibt es ein $\rho > 0$ derart, dass

$$\operatorname{supp}(\varphi_i) \subseteq \operatorname{cl}(K_{\mathbf{0},\rho}) \quad \text{für} \quad \text{alle } i \in \mathbb{N}$$

und es gilt:

$$\lim_{i\to\infty} |F_f(\varphi_i)| = \lim_{i\to\infty} \left| \int_{\mathbb{R}^n} f(\mathbf{x})\varphi_i(\mathbf{x})\, d\mathbf{x} \right| = \lim_{i\to\infty} \left| \int_{\operatorname{cl}(K_{\mathbf{0},\rho})} f(\mathbf{x})\varphi_i(\mathbf{x})\, d\mathbf{x} \right|$$

$$\leq \lim_{i\to\infty} \left(\sup_{\mathbf{x}\in\operatorname{cl}(K_{\mathbf{0},\rho})} \{|\varphi_i(\mathbf{x})|\} \int_{\operatorname{cl}(K_{\mathbf{0},\rho})} |f(\mathbf{x})|\, d\mathbf{x} \right) = 0.$$

Somit sind die linearen Funktionale F_f stetig.

2.3 Distributionen

Jeder lokal integrierbaren Funktion $f : \mathbb{R}^n \to \mathbb{R}$ haben wir im letzten Abschnitt ein stetiges lineares Funktional F_f zugeordnet. Dabei konnten wir f durch

$$\frac{\partial F_f}{\partial x_i} : \mathfrak{D}(\mathbb{R}^n,\mathbb{R}) \to \mathbb{R}, \quad \varphi \mapsto -F_f(\varphi_{x_i})$$

ein weiteres stetiges lineares Funktional zuordnen, das als „partielle Ableitung von f nach x_i" interpretiert werden kann – insbesondere wenn f im klassischen Differentialkalkül nicht partiell nach x_i differenzierbar ist.

Diese Beobachtung nehmen wir nun zum Anlass für folgende Definition.

Definition 2.4 ((reguläre) verallgemeinerte Funktion, (reguläre) Distribution)
Sei $\mathfrak{D}(\mathbb{R}^n,\mathbb{R})$ der Vektorraum aller Grundfunktionen $\varphi : \mathbb{R}^n \to \mathbb{R}$ über $\mathbb{R}$, so wird jedes stetige lineare Funktional

$$F : \mathfrak{D}(\mathbb{R}^n, \mathbb{R}) \to \mathbb{R}$$

*als **verallgemeinerte Funktion** bzw. **Distribution** bezeichnet. Gibt es eine lokal integrierbare Funktion f mit*

$$F = F_f,$$

*so wird F als **reguläre verallgemeinerte Funktion** bzw. **reguläre Distribution** bezeichnet.*   ◁

Die Menge aller verallgemeinerten Funktionen wird mit $\mathfrak{D}'(\mathbb{R}^n, \mathbb{R})$ bezeichnet. Die partielle Ableitung $F_{x_i} = \frac{\partial F}{\partial x_i}$ einer verallgemeinerten Funktion F ist gegeben durch

$$F_{x_i} : \mathfrak{D}(\mathbb{R}^n, \mathbb{R}) \to \mathbb{R}, \quad \varphi \mapsto -F(\varphi_{x_i})$$

und existiert immer. Allgemein gilt:

$$\frac{\partial^m F}{\partial x_{i_1} \ldots \partial x_{i_m}} : \mathfrak{D}(\mathbb{R}^n, \mathbb{R}) \to \mathbb{R}, \quad \varphi \mapsto (-1)^m F\left(\frac{\partial^m \varphi}{\partial x_{i_1} \ldots \partial x_{i_m}}\right), \quad m \in \mathbb{N}.$$

Sei $f : \mathbb{R} \to \mathbb{R}$ eine lokal integrierbare Funktion. Existiert dann eine lokal integrierbare Funktion $g : \mathbb{R} \to \mathbb{R}$ mit

$$F_g = \frac{\partial^m F_f}{\partial x_{i_1} \ldots \partial x_{i_m}},$$

so wird g als entsprechende **schwache partielle Ableitung** von f bezeichnet; zum Beispiel ist

$$g : \mathbb{R} \to \mathbb{R}, \quad x \mapsto \begin{cases} -1 & \text{für } x \leq 0 \\ 1 & \text{für } x > 0 \end{cases}$$

die schwache Ableitung von

$$f : \mathbb{R} \to \mathbb{R}, \quad x \mapsto |x|.$$

Durch

$$\lambda F : \mathfrak{D}(\mathbb{R}^n, \mathbb{R}) \to \mathbb{R}, \quad \varphi \mapsto F(\lambda\varphi) \; (= \lambda F(\varphi)), \quad \lambda \in \mathbb{R}, \; F \in \mathfrak{D}'(\mathbb{R}^n, \mathbb{R})$$

und

$$F + G : \mathfrak{D}(\mathbb{R}^n, \mathbb{R}) \to \mathbb{R}, \quad \varphi \mapsto F(\varphi) + G(\varphi), \quad F, G \in \mathfrak{D}'(\mathbb{R}^n, \mathbb{R})$$

wird $\mathfrak{D}'(\mathbb{R}^n, \mathbb{R})$ zu einem Vektorraum über $\mathbb{R}$ (dem **Dualraum** von $\mathfrak{D}(\mathbb{R}^n, \mathbb{R})$).

Die wichtigsten Vertreter verallgemeinerter Funktionen, die nicht regulär sind, sind die **Dirac-Distributionen** $\delta_{\mathbf{x_0}}$:

Zu jedem $\mathbf{x_0} \in \mathbb{R}^n$ betrachtet man die Abbildung

$$\delta_{\mathbf{x_0}} : \mathfrak{D}(\mathbb{R}^n, \mathbb{R}) \to \mathbb{R}, \quad \varphi \mapsto \varphi(\mathbf{x_0}).$$

Offensichtlich sind die Abbildungen $\delta_{\mathbf{x_0}}$ linear und stetig. Wir zeigen nun indirekt, dass für jedes $\mathbf{x_0} \in \mathbb{R}^n$ die Distribution $\delta_{\mathbf{x_0}}$ nicht regulär ist. Sei also f eine lokal integrierbare Funktion mit

$$\int\limits_{\mathbb{R}^n} f(\mathbf{x})\varphi(\mathbf{x})\, d\mathbf{x} = \varphi(\mathbf{x_0}) \quad \text{für} \quad \text{alle } \varphi \in \mathfrak{D}(\mathbb{R}^n, \mathbb{R}),$$

so gibt es ein $\varepsilon > 0$ mit

$$\int\limits_{\mathrm{cl}(K_{\mathbf{x_0},\varepsilon})} |f(\mathbf{x})|\, d\mathbf{x} = d < 1.$$

Wählt man nun für φ die bereits bekannte Grundfunktion

$$\psi_{\mathbf{x_0},\varepsilon} : \mathbb{R}^n \to \mathbb{R}, \quad \boldsymbol{\xi} \mapsto \psi_\varepsilon(\boldsymbol{\xi} - \mathbf{x_0}),$$

so folgt:

$$\int\limits_{\mathbb{R}^n} |f(\mathbf{x})\psi_{\mathbf{x_0},\varepsilon}(\mathbf{x})|\, d\mathbf{x} \leq \sup_{\mathbf{x}\in\mathrm{cl}(K_{\mathbf{x_0},\varepsilon})} \{|\psi_{\mathbf{x_0},\varepsilon}(\mathbf{x})|\} \int\limits_{\mathrm{cl}(K_{\mathbf{x_0},\varepsilon})} |f(\mathbf{x})|\, d\mathbf{x}$$

$$= \psi_{\mathbf{x_0},\varepsilon}(\mathbf{x_0}) \cdot d < \psi_{\mathbf{x_0},\varepsilon}(\mathbf{x_0}).$$

Um sich von den Dirac-Distributionen eine Vorstellung machen zu können, betrachten wir die regulären verallgemeinerten Funktionen $F_{\psi_{\mathbf{x_0},r}}$. Es gilt:

$$F_{\psi_{\mathbf{x_0},r}}(\varphi) = \varphi(\mathbf{x}') \quad \text{mit} \quad \mathbf{x}' \in \mathrm{cl}(K_{\mathbf{x_0},r}) \quad \text{für} \quad \text{alle } \varphi \in \mathfrak{D}(\mathbb{R}^n, \mathbb{R}).$$

Einer Dirac-Distribution $\delta_{\mathbf{x_0}}$ würde somit die Funktion $\psi_{\mathbf{x_0},r}$ für $r \to 0$ entsprechen (siehe Abb. 2.8).

Für $n = 1$ ist die Ableitung einer Dirac-Distribution gegeben durch

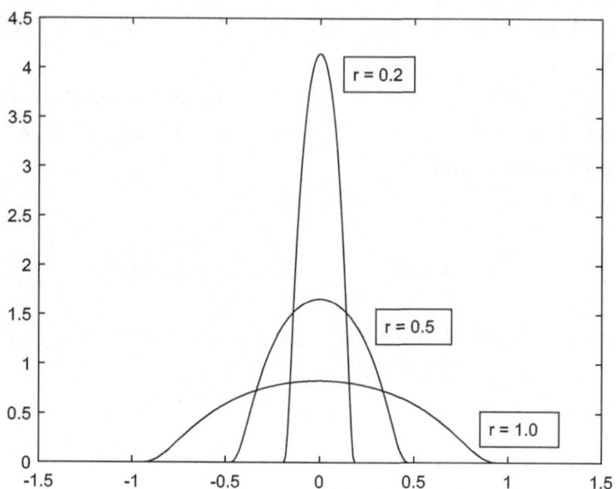

Abb. 2.8 Die Funktion $\psi_{0,r}$ für $r = 1{,}0\,,\ 0{,}5\,,\ 0{,}2$

$$\delta'_{x_0} : \mathfrak{D}(\mathbb{R}, \mathbb{R}) \to \mathbb{R}, \quad \varphi \mapsto -\varphi'(x_0).$$

Dirac-Distributionen δ_{x_0}, $x_0 \in \mathbb{R}$, ergeben sich als Ableitung regulärer verallgemeinerter Funktionen. Sei

$$\eta : \mathbb{R} \to \mathbb{R}, \quad x \mapsto \begin{cases} 0 \ \text{für } x \le x_0 \\ 1 \quad\ \text{sonst} \end{cases} \quad \text{(Heaviside-Funktion)},$$

so gilt

$$F'_{\eta} : \mathfrak{D}(\mathbb{R}, \mathbb{R}) \to \mathbb{R}, \quad \varphi \mapsto -\int_{-\infty}^{\infty} \eta(x)\varphi'(x)\,dx = -\int_{x_0}^{\infty} \varphi'(x)\,dx = \varphi(x_0).$$

Ist eine Funktion $y : \mathbb{R} \to \mathbb{R}$ Lösung einer speziellen gewöhnlichen Differentialgleichung, so kann wegen

$$(F_y)' = F_{y'}$$

auch die reguläre verallgemeinerte Funktion F_y als Lösung dieser gewöhnlichen Differentialgleichung interpretiert werden. Um nun untersuchen zu können, ob durch den Übergang zu verallgemeinerten Funktionen zusätzliche Lösungen gewonnen werden können, ist eine Integration verallgemeinerter Funktionen zu definieren. Folgt man der gleichen Grundidee wie beim Differenzieren, so erhält man für eine lokal-integrierbare Funktion $g : \mathbb{R} \to \mathbb{R}$ mit

$$G : \mathbb{R} \to \mathbb{R}, \quad x \mapsto \int_{-\infty}^{x} g(\xi)d\xi \quad \text{(Existenz vorausgesetzt)}$$

durch partielle Integration

$$\int_{-\infty}^{\infty} \left(\int_{-\infty}^{x} g(\xi)d\xi \cdot \varphi(x) \right) dx = \left[G(x) \int_{-\infty}^{x} \varphi(\xi)d\xi \right]_{-\infty}^{\infty}$$
$$- \int_{-\infty}^{\infty} g(x) \left(\int_{-\infty}^{x} \varphi(\xi)d\xi \right) dx$$
$$= - \int_{-\infty}^{\infty} g(x) \underbrace{\left(\int_{-\infty}^{x} \varphi(\xi)d\xi \right)}_{=: \hat{\varphi}(x)} dx + c,$$

wobei die Existenz von

$$c := \lim_{x \to \infty} G(x) \int_{-\infty}^{x} \varphi(\xi)d\xi$$

vorausgesetzt ist.

Das Problem besteht nun darin, dass die Funktion $\hat{\varphi}$ im Allgemeinen keine Grundfunktion ist. Die Funktion

$$\hat{\varphi} : \mathbb{R} \to \mathbb{R}, \quad x \mapsto \int_{-\infty}^{x} \varphi(\xi)d\xi, \quad \varphi \in \mathfrak{D}(\mathbb{R}, \mathbb{R})$$

ist genau dann eine Grundfunktion, wenn

$$\int_{-\infty}^{\infty} \varphi(\xi)d\xi = 0,$$

denn zeichnet man die Menge

$$\mathfrak{D}_0(\mathbb{R}, \mathbb{R}) := \left\{ \rho \in \mathfrak{D}(\mathbb{R}, \mathbb{R}); \ \int\limits_{-\infty}^{\infty} \rho(\xi)d\xi = 0 \right\}$$

aus, so ist $\varphi \in \mathfrak{D}_0(\mathbb{R}, \mathbb{R})$ genau dann, wenn φ die Ableitung einer Grundfunktion ist.

Definiert man

$$\mathfrak{D}_1(\mathbb{R}, \mathbb{R}) := \left\{ \rho \in \mathfrak{D}(\mathbb{R}, \mathbb{R}); \ \int\limits_{-\infty}^{\infty} \rho(\xi)d\xi = 1 \right\}$$

und wählt man ein festes $\rho_1 \in \mathfrak{D}_1(\mathbb{R}, \mathbb{R})$ aus, so gibt es zu jedem $\varphi \in \mathfrak{D}(\mathbb{R}, \mathbb{R})$ ein eindeutiges $\varphi_0 \in \mathfrak{D}_0(\mathbb{R}, \mathbb{R})$ mit

$$\varphi = \varphi_0 + \lambda\rho_1,$$

denn es gilt:

$$\int\limits_{-\infty}^{\infty} \varphi(x)dx = \int\limits_{-\infty}^{\infty} \varphi_0(x)dx + \lambda \int\limits_{-\infty}^{\infty} \rho_1(x)dx = \lambda$$

und somit

$$\varphi_0 = \varphi - \int\limits_{-\infty}^{\infty} \varphi(x)dx \cdot \rho_1.$$

Für jedes $\rho_1 \in \mathfrak{D}_1(\mathbb{R}, \mathbb{R})$ ist die Abbildung

$$P_{\rho_1} : \mathfrak{D}(\mathbb{R}, \mathbb{R}) \to \mathfrak{D}_0(\mathbb{R}, \mathbb{R}), \quad \varphi \mapsto \varphi - \int\limits_{-\infty}^{\infty} \varphi(x)dx \cdot \rho_1$$

eine stetige lineare Projektion. Wegen

$$\int\limits_{-\infty}^{\infty} \varphi'(x)dx = 0 \quad \text{für} \quad \text{alle} \quad \varphi \in \mathfrak{D}(\mathbb{R}, \mathbb{R})$$

ist stets

$$P_{\rho_1}(\varphi') = \varphi' \quad \text{für} \quad \text{alle} \quad \rho_1 \in \mathfrak{D}_1(\mathbb{R}, \mathbb{R}), \ \varphi \in \mathfrak{D}(\mathbb{R}, \mathbb{R}).$$

Ist nun F eine verallgemeinerte Funktion und $\rho_1 \in \mathfrak{D}_1(\mathbb{R}, \mathbb{R})$, dann definieren wir ein **unbestimmtes Integral G von F** durch die verallgemeinerte Funktion

$$G : \mathfrak{D}(\mathbb{R}, \mathbb{R}) \to \mathbb{R}, \quad \varphi \mapsto -F(\hat{\varphi}) \quad \text{mit} \quad \hat{\varphi} : \mathbb{R} \to \mathbb{R}, \quad x \mapsto \int_{-\infty}^{x} \left(P_{\rho_1}(\varphi)\right)(\xi)d\xi.$$

Es gilt:

$$G'(\varphi) = -G(\varphi') = F(\varphi) \quad \text{für} \quad \text{alle} \quad \varphi \in \mathfrak{D}(\mathbb{R}, \mathbb{R}),$$

da

$$\int_{-\infty}^{x} \left(P_{\rho_1}(\varphi')\right)(\xi)d\xi = \varphi(x) \quad \text{für} \quad \text{alle} \quad \rho_1 \in \mathfrak{D}_1(\mathbb{R}, \mathbb{R}), \ x \in \mathbb{R}.$$

Die Wahl der Funktion $\rho_1 \in \mathfrak{D}_1(\mathbb{R}, \mathbb{R})$ entspricht in der klassischen Riemann-Integration der Wahl der additiven Konstanten c für die Stammfunktion. Dies wird deutlich, wenn man alle Distributionen F mit

$$F' = 0$$

sucht. Sei zunächst $\varphi_0 \in \mathfrak{D}_0(\mathbb{R}, \mathbb{R})$, so gibt es ein $\psi \in \mathfrak{D}(\mathbb{R}, \mathbb{R})$ mit $\psi' = \varphi_0$ und wir erhalten

$$F(\varphi_0) = F(\psi') = -F'(\psi) = 0.$$

Mit

$$F(\varphi) = F\left(\varphi_0 + \int_{-\infty}^{\infty} \varphi(x)dx \cdot \rho_1\right) = \int_{-\infty}^{\infty} \varphi(x)dx \cdot F(\rho_1)$$

folgt

$$F : \mathfrak{D}(\mathbb{R}, \mathbb{R}) \to \mathbb{R}, \quad \varphi \mapsto \int_{-\infty}^{\infty} c\varphi(x)dx \quad \text{mit} \quad c = F(\rho_1).$$

Dies ist die reguläre verallgemeinerte Funktion zur Lösung

$$f : \mathbb{R} \to \mathbb{R}, \quad x \mapsto c = F(\rho_1)$$

der gewöhnlichen Differentialgleichung

$$f' = 0.$$

Sind $g \in C^\infty(\mathbb{R}^n, \mathbb{R})$ und $f : \mathbb{R}^n \to \mathbb{R}$ lokal integrierbar, so ist auch

$$gf : \mathbb{R}^n \to \mathbb{R}, \quad x \mapsto g(x) \cdot f(x)$$

lokal integrierbar. Somit existiert die reguläre verallgemeinerte Funktion zu gf und es gilt

$$F_{gf} : \mathfrak{D}(\mathbb{R}^n, \mathbb{R}) \to \mathbb{R}, \quad \varphi \mapsto \int_{-\infty}^{\infty} g(x)f(x)\varphi(x)dx = \int_{-\infty}^{\infty} f(x)(g(x)\varphi(x))dx.$$

Diese Beobachtung nehmen wir zum Anlass, das Produkt $g \cdot F$ einer Funktion $g \in C^\infty(\mathbb{R}^n, \mathbb{R})$ und einer verallgemeinerten Funktion F zu definieren:

$$\cdot : C^\infty(\mathbb{R}^n, \mathbb{R}) \times \mathfrak{D}'(\mathbb{R}^n, \mathbb{R}) \to \mathfrak{D}'(\mathbb{R}^n, \mathbb{R}), \quad (g, F) \mapsto g \cdot F := gF$$

mit

$$gF : \mathfrak{D}(\mathbb{R}^n, \mathbb{R}) \to \mathbb{R}, \quad \varphi \mapsto F(g\varphi).$$

Diese Vorgehensweise ist natürlich nur dann korrekt, wenn gF linear und stetig ist. Die Linearität ist offensichtlich, während die Stetigkeit aus der Leibniz-Regel folgt (siehe etwa [Wal94]).

Mit Hilfe dieser Definition können wir nun die gewöhnliche Differentialglei-chung

$$xf' = 0$$

untersuchen. Im Rahmen der Analysis erhält man die vollständige Lösung

$$f : \mathbb{R} \to \mathbb{R}, \quad x \mapsto c_1, \quad c_1 \in \mathbb{R}.$$

Betrachten wir nun für die Dirac-Distribution

$$\delta_0 : \mathfrak{D}(\mathbb{R}, \mathbb{R}) \to \mathbb{R}, \quad \varphi \mapsto \varphi(0)$$

die verallgemeinerte Funktion $x\delta_0$, so folgt:

$$x\delta_0 : \mathfrak{D}(\mathbb{R}, \mathbb{R}) \to \mathbb{R}, \quad \varphi \mapsto (x\varphi)(0) = 0.$$

Da nun die Dirac-Distribution die Ableitung der Heaviside-Funktion η ist, ist im Rahmen der verallgemeinerten Funktionen auch

$$h : \mathbb{R} \to \mathbb{R}, \quad x \mapsto \begin{cases} 0 & \text{für } x \le 0 \\ c_2 & \text{sonst} \end{cases}, \quad c_2 \in \mathbb{R},$$

eine Lösung von

$$xf' = 0.$$

Zusammenfassend erhalten wir also die regulären Distributionen zu

$$f : \mathbb{R} \to \mathbb{R}, \quad x \mapsto \begin{cases} c_1 & \text{für } x \le 0 \\ c_1 + c_2 & \text{sonst} \end{cases}, \quad c_1, c_2 \in \mathbb{R},$$

als Lösungen von

$$xf' = 0.$$

Nun untersuchen wir die gewöhnliche Differentialgleichung

$$-x^3 f' = 2f$$

mit der Lösung

$$f : \mathbb{R} \setminus \{0\} \to \mathbb{R}, \quad x \mapsto c \cdot \exp\left(\frac{1}{x^2}\right), \quad c \in \mathbb{R}.$$

Da f für $c \ne 0$ nicht lokal integrierbar ist, kommen die regulären verallgemeinerten Funktionen zu f für $c \ne 0$ nicht als Lösungen in Frage. Man kann nun zeigen (siehe [Wal94]), dass es in $\mathfrak{D}'(\mathbb{R}, \mathbb{R})$ nur die Lösung

$$F : \mathfrak{D}(\mathbb{R}, \mathbb{R}) \to \mathbb{R}, \quad \varphi \mapsto 0$$

gibt. Der Übergang von klassischen Funktionen zu verallgemeinerten Funktionen als Kandidaten zur Lösung gewöhnlicher Differentialgleichungen kann also zum Verlust relevanter (nicht lokal integrierbarer) Lösungen führen.

Unter gewissen Umständen kann man auch einer nicht lokal integrierbaren Funktion eine Distribution zuordnen. Sei dazu $\mathbf{x_0} \in \mathbb{R}^n$ und

$$f : \mathbb{R}^n \setminus \{\mathbf{x_0}\} \to \mathbb{R}$$

derart, dass für jedes $0 < \varepsilon < 1$ das Integral

$$\int\limits_{\{\mathbf{x}\in\mathbb{R}^n;\, \varepsilon\leq\|\mathbf{x}-\mathbf{x_0}\|_2\leq 1\}} f(\mathbf{x})d\mathbf{x}$$

existiert und derart, dass der Grenzwert

$$\lim_{\varepsilon\to 0}\int\limits_{\{\mathbf{x}\in\mathbb{R}^n;\, \varepsilon\leq\|\mathbf{x}-\mathbf{x_0}\|_2\leq 1\}} f(\mathbf{x})d\mathbf{x}$$

ebenfalls existiert, so wird

$$\mathrm{CH}\left(\int\limits_{\{\mathbf{x}\in\mathbb{R}^n;\, \|\mathbf{x}-\mathbf{x_0}\|_2\leq 1\}} f(\mathbf{x})d\mathbf{x}\right) := \lim_{\varepsilon\to 0}\int\limits_{\{\mathbf{x}\in\mathbb{R}^n;\, \varepsilon\leq\|\mathbf{x}-\mathbf{x_0}\|_2\leq 1\}} f(\mathbf{x})d\mathbf{x}$$

als **Cauchyscher Hauptwert** bezeichnet. Ist nun f auch auf jeder abgeschlossenen Kugel $\mathrm{cl}(K_{\bar{\mathbf{x}},r})$, die $\mathbf{x_0}$ nicht enthält, integrierbar, so ist nach [Wal94] durch

$$F : \mathfrak{D}(\mathbb{R}^n,\mathbb{R}) \to \mathbb{R}, \quad \varphi \mapsto \quad \mathrm{CH}\left(\int\limits_{\mathrm{cl}(K_{\mathbf{x_0},1})} f(\mathbf{x})\varphi(\mathbf{x})d\mathbf{x}\right)$$

$$+ \int\limits_{\{\mathbf{x}\in\mathbb{R}^n;\, \|\mathbf{x}-\mathbf{x_0}\|_2 > 1\}} f(\mathbf{x})\varphi(\mathbf{x})d\mathbf{x}$$

eine nichtreguläre verallgemeinerte Funktion gegeben.

Der Cauchysche Hauptwert

$$\mathrm{CH}\left(\int_{-1}^{1} \exp\left(\frac{1}{x^2}\right) dx\right)$$

existiert nicht.

Anwendungen 3

3.1   LTI-Systeme

Im Rahmen der Systemtheorie werden Systeme durch Abbildungen repräsentiert, die einem Eingangssignal $s \in \mathbb{S}$ ein Ausgangsignal $a \in \mathbb{A}$ zuordnen. Unter Verwendung der Rechtecksfunktion

$$r_T : \mathbb{R} \to \mathbb{R}, \quad t \mapsto \begin{cases} \frac{1}{T} & \text{falls} \quad -\frac{T}{2} \leq t < \frac{T}{2} \\ 0 & \text{sonst} \end{cases}, \quad T > 0,$$

betrachten wir zunächst Eingangssignale s gegeben durch

$$s : \mathbb{R} \to \mathbb{R}, \quad t \mapsto \sum_{k=-\infty}^{\infty} s_k \cdot r_T(t - kT) \cdot T, \quad s_k \in \mathbb{R}, \quad \text{(Treppensignale)}.$$

Zu jedem $t \in \mathbb{R}$ gibt es also ein eindeutiges $k_t \in \mathbb{Z}$ mit

$$k_t T - \frac{T}{2} \leq t < k_t T + \frac{T}{2}$$

und

$$s(t) = s_{k_t} \cdot r_T(t - k_t T) \cdot T, \quad t \in \mathbb{R}.$$

Für $T \to 0$ folgt $k_t \to \infty$ für $t \neq 0$ ($k_0 = 0$) und $k_t T \to t$.

Es ist nun $\tilde{s} \in \mathbb{S}$ genau dann, wenn es für jede gegen Null konvergente Folge $\{T_m\}_{m \in \mathbb{N}}$ mit $T_m > 0$ reelle Zahlen $\tilde{s}_{k,m}$ gibt mit

© Springer Fachmedien Wiesbaden GmbH, ein Teil von Springer Nature 2018
S. Schäffler, *Verallgemeinerte Funktionen*, essentials,
https://doi.org/10.1007/978-3-658-23857-5_3

$$\tilde{s} : \mathbb{R} \to \mathbb{R}, \quad t \mapsto \lim_{m \to \infty} \sum_{k=-\infty}^{\infty} \tilde{s}_{k,m} \cdot r_{T_m}(t - kT_m) \cdot T_m$$

Es gilt somit unter Verwendung der Dirac-Distribution δ_0:

$$\lim_{m \to \infty} \sum_{k=-\infty}^{\infty} \tilde{s}_{k,m} \cdot r_{T_m}(t - kT_m) \cdot T_m = \tilde{s}(t) = \int_{-\infty}^{\infty} \tilde{s}(\tau)\delta_0(t - \tau)d\tau.$$

Ein LTI-System (**L**inear **T**ime **I**nvariant System) repräsentiert durch eine Abbildung

$$LTI : \mathbb{S} \to \mathbb{A}$$

zeichnet sich nun durch folgende Eigenschaften aus:

- Linearität und Stetigkeit: Für jedes Eingangssignal

$$\tilde{s} : \mathbb{R} \to \mathbb{R}, \quad t \mapsto \lim_{m \to \infty} \sum_{k=-\infty}^{\infty} \tilde{s}_{k,m} \cdot r_{T_m}(t - kT_m) \cdot T_m$$

gilt:

$$\tilde{a} := LTI(\tilde{s}) = \lim_{m \to \infty} \sum_{k=-\infty}^{\infty} \tilde{s}_{k,m} \cdot LTI(r_{T_m}(\bullet - kT_m)) \cdot T_m$$

wobei

$$r_{T_m}(\bullet - kT_m) : \mathbb{R} \to \mathbb{R}, \quad t \mapsto r_{T_m}(t - kT_m).$$

- Seien $s \in \mathbb{S}$, $t_0 \in \mathbb{R}$ und $LTI(s) = a$, so gilt mit

$$s_{t_0} : \mathbb{R} \to \mathbb{R}, \quad t \mapsto s(t - t_0) \quad \text{und} \quad a_{t_0} : \mathbb{R} \to \mathbb{R}, \quad t \mapsto a(t - t_0)$$

die Zeitinvarianz:

$$LTI(s_{t_0}) = a_{t_0}.$$

Mit

$$a_{T_m} := LTI(r_{T_m})$$

können wir vereinfachen:

$$\tilde{a} : \mathbb{R} \to \mathbb{R}, \quad t \mapsto LTI(\tilde{s})(t) = \lim_{m \to \infty} \sum_{k=-\infty}^{\infty} \tilde{s}_{k,m} \cdot LTI(r_{T_m}(\bullet - kT_m))(t) \cdot T_m$$

$$= \lim_{m \to \infty} \sum_{k=-\infty}^{\infty} \tilde{s}_{k,m} \cdot a_{T_m}(t - kT_m) \cdot T_m$$

$$=: \int_{-\infty}^{\infty} \tilde{s}(\tau) h(t - \tau) d\tau.$$

Wir interpretieren die Funktion h als Ausgangssignal des LTI-Systems, wenn als Eingangssignal die Dirac-Distribution δ_0 gewählt wird.

Fassen wir zusammen:

Kennt man das Ausgangssignal h (die sogenannte **Impulsantwort**) eines LTI-Systems zum Eingangssignal δ_0, so ist das Verhalten des LTI-Systems charakterisiert und das Ausgangssignal $\tilde{a}$ zu $\tilde{s} \in \mathbb{S}$ ist gegeben durch die Faltung

$$\tilde{a}(t) = LTI(\tilde{s})(t) = \int_{-\infty}^{\infty} \tilde{s}(\tau) h(t - \tau) d\tau.$$

Ein RC-Zweitor (siehe Abb. 3.1) mit der Spannung U_e an der Spannungsquelle als Eingangssignal und der Spannung U_c am Kondensator als Ausgangssignal (wobei wir $U_c(0) = 0$ festlegen) ist ein LTI-System mit Impulsantwort

$$h : \mathbb{R} \to \mathbb{R}, \quad t \mapsto \begin{cases} \frac{1}{RC} e^{-\frac{t}{RC}} & \text{für} \quad t \geq 0 \\ 0 & \text{sonst} \end{cases} \quad \text{(Abb. 3.2)}.$$

Somit gilt für jedes $s \in \mathbb{S}$:

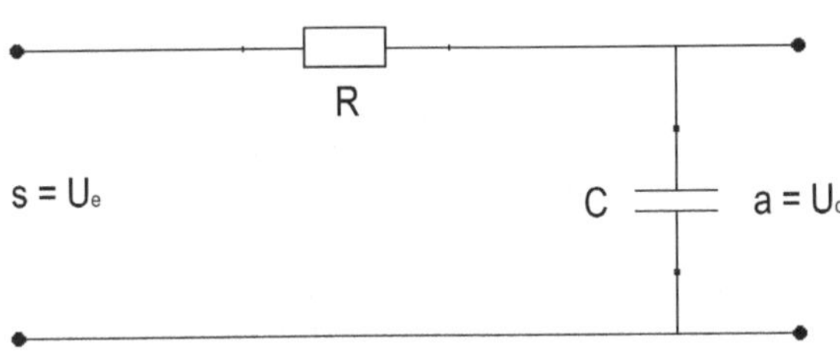

Abb. 3.1 RC-Zweitor

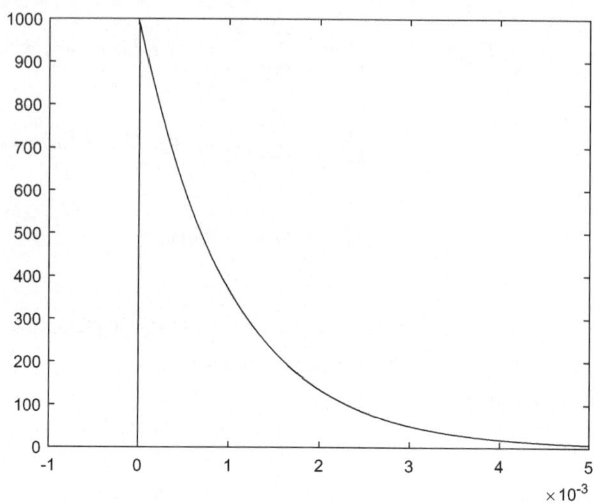

Abb. 3.2 Impulsantwort des RC-Zweitors mit $RC = 10^{-3}$

$$a(t) = U_c(t) = \int\limits_{-\infty}^{\infty} s(\tau)\frac{1}{RC}e^{-\frac{t-\tau}{RC}}\,d\tau.$$

Abb. 3.3 stellt die Spannung U_c dar, wenn an der Spannungsquelle sechs Perioden einer Wechselspannung mit Amplitude 1V und Frequenz $f = 1\,\mathrm{kHz}$ angelegt wird; dabei wird $RC = 10^{-3}$ gewählt.

Die besondere Bedeutung der Dirac-Distribution für LTI-Systeme wird nachvollziehbar, wenn man zur Fourier-Transformation übergeht, denn die Fourier-Transformierte der Abbildung

$$r_T : \mathbb{R} \to \mathbb{R}, \quad t \mapsto \begin{cases} \frac{1}{T} & \text{falls} \quad -\frac{T}{2} \le t < \frac{T}{2} \\ 0 & \text{sonst} \end{cases}, \quad T > 0,$$

konvergiert für $T \to 0$ gegen eine Funktion, die für alle Frequenzen den Funktionswert Eins besitzt:

$$\mathcal{F}(r_T)(f) \to 1 \quad \text{für alle} \quad f \in \mathbb{R}, \quad T \to 0 \quad (\text{siehe Abb. 3.4}).$$

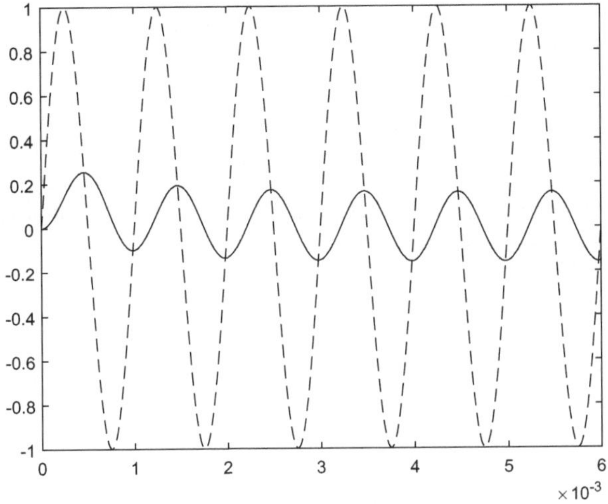

Abb. 3.3 U_c mit $RC = 10^{-3}$, $s(t) = U_e(t) = \sin(2000\pi t)$

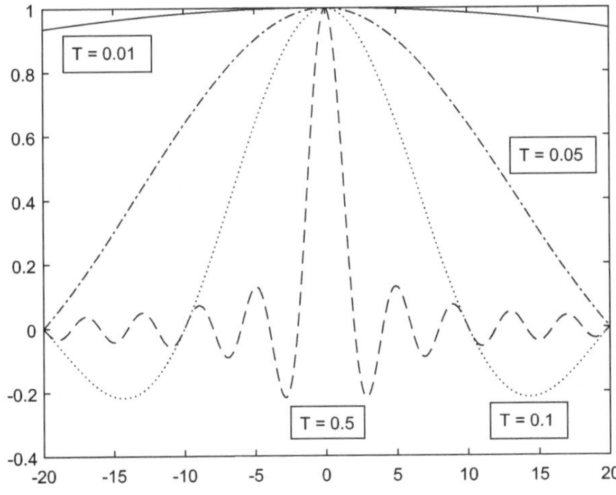

Abb. 3.4 Fourier-Transformierte von r_T, $T = 0{,}5, 0{,}1, 0{,}05, 0{,}01$

Wir interpretieren dieses Ergebnis dahingehend, dass die Fourier-Transformierte der Dirac-Distribution alle Frequenzen mit gleichem Gewicht Eins enthält.

3.2   Schwache Lösungen

Betrachten wir nochmals das Verhalten einer ungedämpften schwingenden Saite der Länge L, das durch eine Funktion

$$u : [0, L] \times [0, \infty) \to \mathbb{R}, \quad (x, t) \mapsto u(x, t)$$

beschrieben wird. Die entsprechende Wellengleichung lautet

$$u_{tt} = c \cdot u_{xx}.$$

Wir nehmen wieder an, dass sich die Saite zum Zeitpunkt $t = 0$ in einer vorgegebenen ruhenden Konstellation befindet, also

$$u(x, 0) = f(x) \quad \text{sowie} \quad u_t(x, 0) = 0 \quad \text{für alle} \quad x \in [0, L]$$

und dass die Saite am Anfangspunkt und am Endpunkt fest verankert ist, also

$$u(0, t) = f(0) = 0 \quad \text{und} \quad u(L, t) = f(L) = 0 \quad \text{für alle} \quad t \in [0, \infty).$$

Geht man nun zu verallgemeinerten Funktionen über, so erhält man die partielle Differentialgleichung

$$\frac{\partial^2 F}{\partial t^2} = c \frac{\partial^2 F}{\partial x^2}$$

bzw.

$$F\left(\frac{\partial^2 \varphi}{\partial t^2}\right) = cF\left(\frac{\partial^2 \varphi}{\partial x^2}\right) \quad \text{für alle} \quad \varphi \in \mathfrak{D}\left(\mathbb{R}^2, \mathbb{R}\right).$$

Jede verallgemeinerte Funktion, die diese Gleichung erfüllt, heißt **schwache Lösung** von

$$u_{tt} = c \cdot u_{xx}.$$

Seien nun

$$g, h : \mathbb{R} \to \mathbb{R}$$

zwei lokal integrierbare Funktionen, so ist die reguläre verallgemeinerte Funktion

$$G : \mathfrak{D}(\mathbb{R}^2, \mathbb{R}) \to \mathbb{R}, \quad \varphi \mapsto \int_{-\infty}^{\infty} \int_{-\infty}^{\infty} \left(g(x + \sqrt{c}t) + h(x - \sqrt{c}t)\right) \varphi(x, t)\, dx\, dt$$

eine Lösung von

$$\frac{\partial^2 F}{\partial t^2} = c \frac{\partial^2 F}{\partial x^2}.$$

Dies zeigt man dadurch, dass man durch die Substitution $\xi = x + \sqrt{c}t$ und $\eta = x - \sqrt{c}t$ nachrechnet, dass mit

$$\varphi(x, t) = \tilde{\varphi}\left(x + \sqrt{c}t, x - \sqrt{c}t\right) = \tilde{\varphi}(\xi, \eta)$$

gilt:

$$\int_{-\infty}^{\infty} \int_{-\infty}^{\infty} \left(g(x + \sqrt{c}t) + h(x - \sqrt{c}t)\right) \left(\varphi_{tt}(x, t) - c\varphi_{xx}(x, t)\right) dx\, dt$$

$$= \frac{1}{2\sqrt{c}} \int_{-\infty}^{\infty} \int_{-\infty}^{\infty} \left(g(\xi) + h(\eta)\right) \frac{\partial^2 \tilde{\varphi}}{\partial \xi \partial \eta}(\xi, \eta)\, d\xi\, d\eta = 0,$$

da

$$\frac{\partial^2 \tilde{\varphi}}{\partial \xi \partial \eta} = \frac{\partial^2 \tilde{\varphi}}{\partial \eta \partial \xi}.$$

Mit der $2L$-periodischen Funktion

$$k : \mathbb{R} \to \mathbb{R}, \quad x \mapsto \begin{cases} f(x) & \text{für alle } 0 \leq x \leq L \\ -f(2L - x) & \text{für alle } L \leq x \leq 2L \end{cases}$$

wählt man

$$g = h = \frac{1}{2}k$$

und

$$u : [0, L] \times [0, \infty) \to \mathbb{R}, \quad (x, t) \mapsto \frac{1}{2}\left(k(x + \sqrt{c}t) + k(x - \sqrt{c}t)\right).$$

Die Festlegung $u_t(x, 0) = 0$ verifiziert man folgendermaßen:

$$-\int_{-\infty}^{\infty} \int_{-\infty}^{\infty} \frac{1}{2} \left(k(x + \sqrt{c}t) + k(x - \sqrt{c}t) \right) \varphi_t(x, t)\, dx dt$$

$$= -\frac{1}{4} \int_{-\infty}^{\infty} \int_{-\infty}^{\infty} (k(\xi) + k(\eta)) \left(\frac{\partial \tilde{\varphi}}{\partial \xi}(\xi, \eta) - \frac{\partial \tilde{\varphi}}{\partial \eta}(\xi, \eta) \right) d\xi d\eta$$

$$= \frac{1}{4} \int_{-\infty}^{\infty} \int_{-\infty}^{\infty} k(\eta) \frac{\partial \tilde{\varphi}}{\partial \eta}(\xi, \eta) d\xi d\eta - \frac{1}{4} \int_{-\infty}^{\infty} \int_{-\infty}^{\infty} k(\xi) \frac{\partial \tilde{\varphi}}{\partial \xi}(\xi, \eta) d\xi d\eta.$$

Die Forderung $t = 0$ (entspricht $\xi = \eta$) erfüllen wir dadurch, dass wir nur Funktionen $\tilde{\varphi}$ mit $\tilde{\varphi}(\xi, \eta) = \tilde{\varphi}(\eta, \xi)$ betrachten, womit sich die Behauptung ergibt.

Abb. 3.5 Die Funktion u für $t = 0$

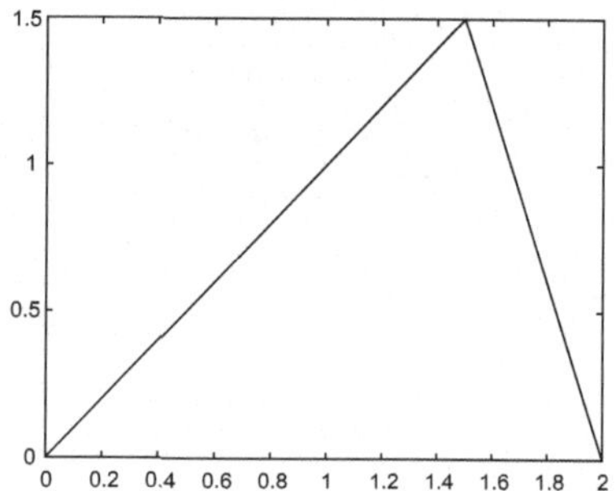

Abb. 3.6 Die Funktion u für $t = 0{,}25$

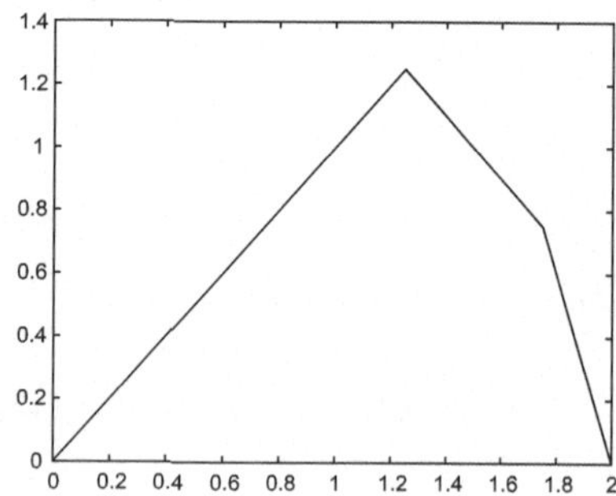

Abb. 3.7 Die Funktion u
für $t = 0{,}5$

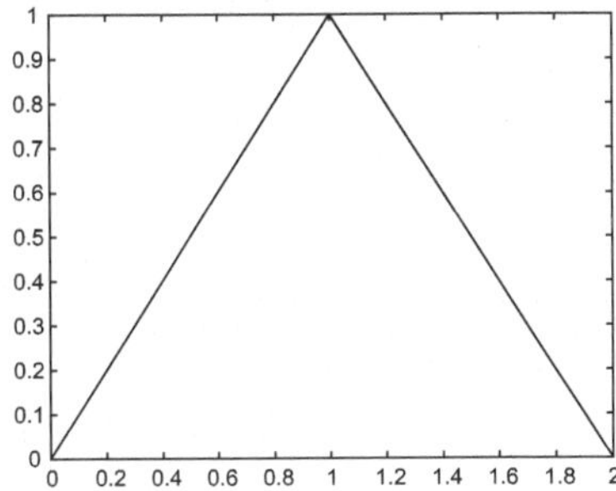

Abb. 3.8 Die Funktion u
für $t = 0{,}75$

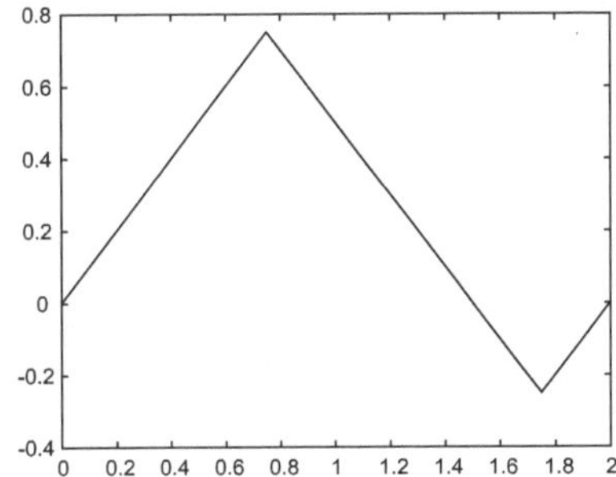

Abb. 3.9 Die Funktion u
für $t = 1$

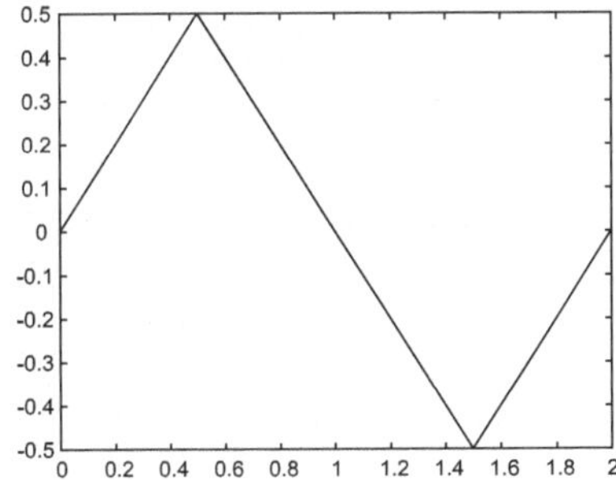

Betrachten wir als Beispiel eine Saite der Länge $L = 2$, die Proportionalitätskonstante $c = 1$ und die Funktion

$$f : [0, 2] \to \mathbb{R}, \quad x \mapsto \begin{cases} x & \text{für alle} \quad 0 \le x \le 1{,}5 \\ -3(x - 2) & \text{für alle} \quad 1{,}5 < x \le 2 \end{cases} \quad \text{(Abb. 3.5)}.$$

Die Saite wird also an der Stelle $x = 1{,}5$ ausgelenkt (gezupft). Die Abb. 3.5, 3.6, 3.7, 3.8, 3.9 und 3.10 stellen die schwingende Saite zu verschiedenen Zeitpunkten dar, während Abb. 3.11 die Lösung u der Wellengleichung darstellt.

Abb. 3.10 Die Funktion u
für $t = 1{,}25$

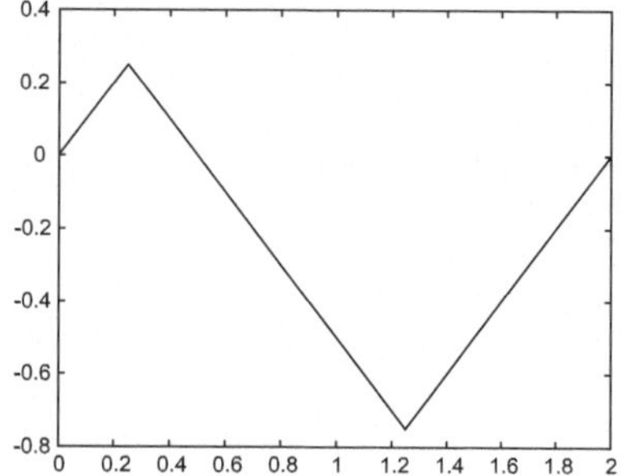

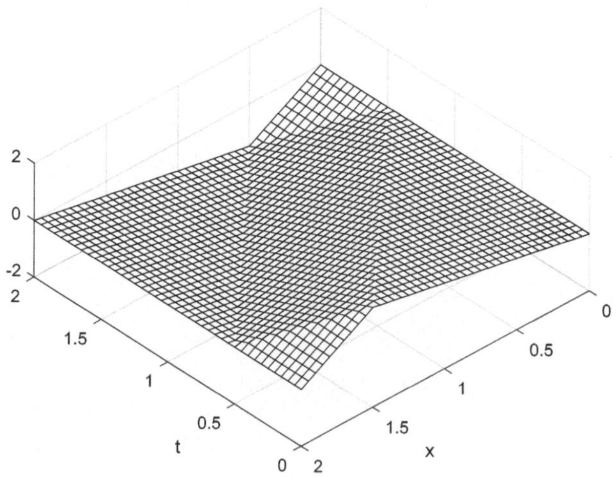

Abb. 3.11 Die Funktion u

3.3 Rauschprozesse

Walter Schottky beschrieb im Jahre 1918 erstmals messbare unregelmäßige Stromschwankungen; macht man diesen Effekt nach Verstärkung hörbar, so entsteht ein Geräusch, das als **Rauschen** wahrgenommen wird und dem beobachteten Phänomen seinen Namen gab. Heute versteht man unter Rauschen physikalische Störprozesse, die ein zu betrachtendes technisches System in nicht konkret vorhersehbarer Weise beeinflussen. Obwohl das Verhalten von Rauschen im Einzelfall nicht vorhersehbar ist, gibt es doch gewisse wahrscheinlichkeitstheoretische Gesetzmäßigkeiten, die es erlauben, diese Prozesse zu modellieren.

In der Nachrichtentechnik wird die Übertragung eines Signals von einem Sender zu einem Empfänger durch Kanalmodelle beschrieben. Eines der wichtigsten Kanalmodelle, das zum Beispiel bei der Raumsondenkommunikation zum Tragen kommt, ist der **AWGN-Kanal** (**A**dditive **W**hite **G**aussian **N**oise). Dabei wird von einem additiven Störprozess ausgegangen, dessen Zufallsvariablen stochastisch unabhängig und normalverteilt sind (ein sogenannter **gedächtnisloser Kanal**). Ferner geht man davon aus, dass die Fourier-Transformierte der Kovarianzfunktion dieses Rauschens eine konstante Funktion darstellt; dies bedeutet, dass alle Frequenzen in stochastischem Sinne gleich gestört werden. In Analogie zum weißen Licht, das durch Überlagerung von farbigem Licht aller Frequenzen mit gleicher Intensität

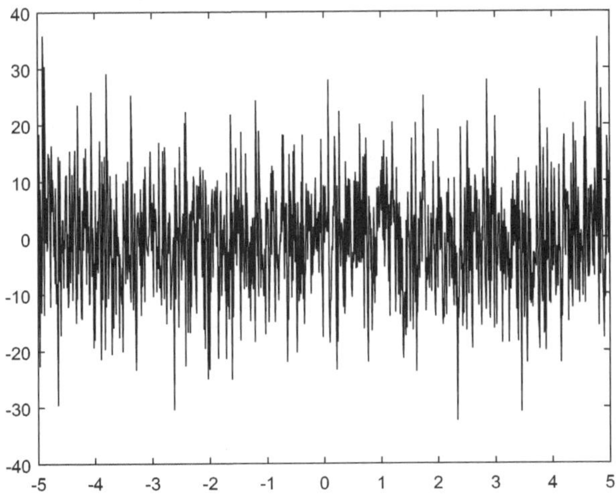

Abb. 3.12 Approximation eines weißen Rauschens

entsteht, spricht man von **weißem Rauschen** (Abb. 3.12 stellt eine Approximation eines weißen Rauschens dar).

Damit ist die Kovarianzfunktion des Rauschprozesses die Dirac-Distribution und das Rauschen selbst kann nur mit Hilfe verallgemeinerter Funktionen dargestellt werden. Dies führt auf das Gebiet der verallgemeinerten stochastischen Prozesse (siehe [Schae17]).

Für die Modellierung technischer Rauschprozesse sind daher verallgemeinerte Funktionen unabdingbar. Die im ersten Kapitel behandelte Übertragung eines Bits mit Hilfe zweier Perioden eines sinusförmigen Signals wurde mit einem AWGN-Kanal modelliert.

Was Sie aus diesem *essential* mitnehmen können

- Verallgemeinerte Funktionen erweitert die Lösbarkeit von Differentialgleichungen.
- Die für die Ingenieurwissenschaften wichtigen LTI-Systeme können durch verallgemeinerte Funktionen elegant beschrieben werden.
- Die Modellierung von Übertragungskanälen in der digitalen Nachrichtenübertragung ist häufig nur durch verallgemeinerte Funktionen möglich.

© Springer Fachmedien Wiesbaden GmbH, ein Teil von Springer Nature 2018 39
S. Schäffler, *Verallgemeinerte Funktionen*, essentials,
https://doi.org/10.1007/978-3-658-23857-5

Literatur

[DuiKol10]   Duistermaat, J.J., Kolk, J.A.C.: *Distributions*. Springer, Berlin Heidelberg New York (2010).

[GelSch6064]   Gelfand, I.M., Schilow, A.E.: *Verallgemeinerte Funktionen*. 4 Bände, VEB Deutscher Verlag der Wissenschaften, Berlin (1960) – Berlin (1964).

[OhmLue14]   Ohm, J-R., Lüke, H. D.: *Signalübertragung*. Springer, Berlin Heidelberg New York (2014).

[Schae17]   Schäffler, S.: *Verallgemeinerte stochastische Prozesse*. Springer, Berlin Heidelberg New York (2017).

[Wal94]   Walter, W.: *Einführung in die Theorie der Distributionen*. B.I. Wissenschaftsverlag, Mannheim (1994).

[Wal02]   Walter, W.: *Analysis 2*. Springer, Berlin Heidelberg New York (2002).

[Zem87]   Zemanian, A. H.: *Distribution Theory and Transform Analysis*. Dover, New York (1987).